edizione riveduta

La Bibbia meccanica di Ferrari

Libro 2

Materiale

Hirasawa Masanobu

KODANSHA

フェラーリ概論

第
零
章

Introduzione Per Ferrari

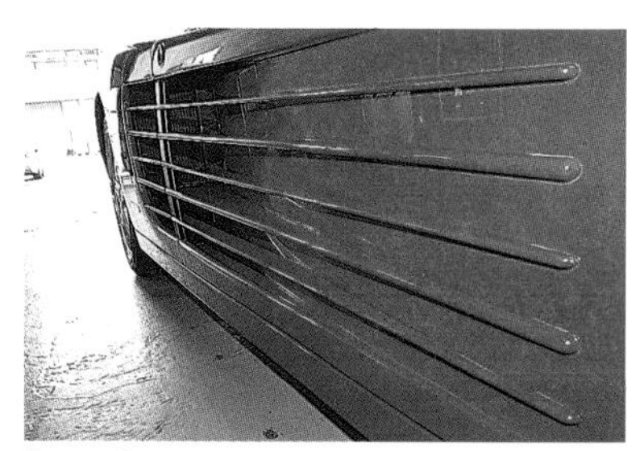

[Fig. 0-1]
1980 年代デザインの象徴と言えるサイドフィン
（テスタロッサ）

[Fig. 0-2]
FRP 製でテールランプ周辺を彫り込んだような造形
（308 初期型）

[Fig. 0-3]
エンジンフード上に貼り付けられたフィン（308）

[Fig. 0-4]
リアウィングとテールランプ（F40）

[Fig. 0-5]
テールランプ周辺の複雑な造形（F430）

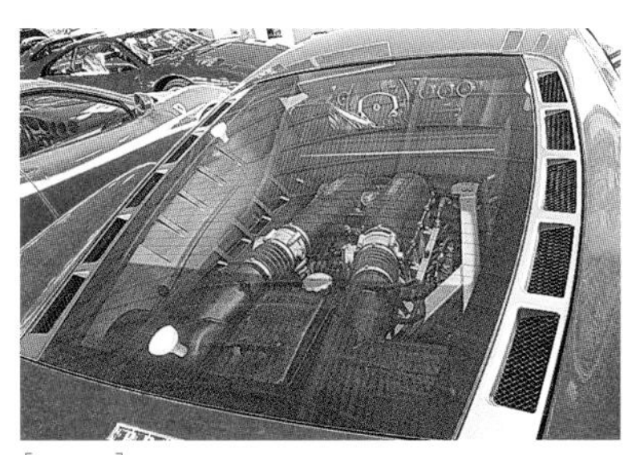

[Fig. 0-6]
エンジンを「見せる」演出（同）

[Fig. 0-7]
有機的なエアインレット
切り取ると車の一部には見えない（488）

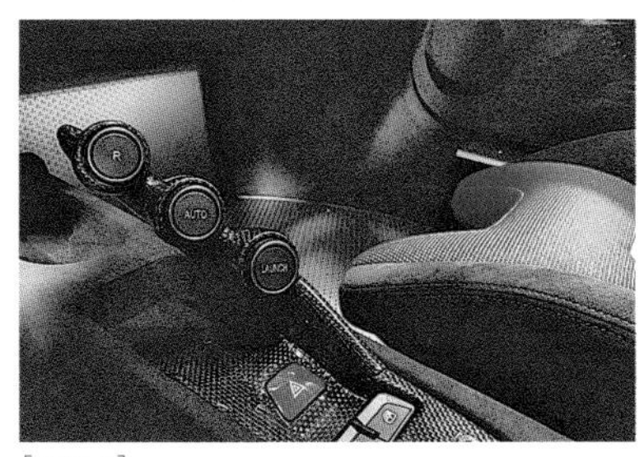

[Fig. 0-8]
シフト操作スイッチ（458 スペチアーレ）
この造形を思い付き、本当に形にするのである

[Fig. 0-9]
この造形を作り上げるために、
どれだけの技術と情熱を注ぎこんでいるのだろうか
（La Ferrari）

[Fig. 0-10]
通称デイトナの内装（365GT4BB）

Il Capitolo Uno

エンジン

第一章

Motore

[Fig. 1-1]
ボクサーエンジンのクランク（テスタロッサ）

[Fig. 1-2]
V8 のクランク（F40）

[Fig. 1-3]
華奢に見えるが頑丈かつ軽量なカム（F355）

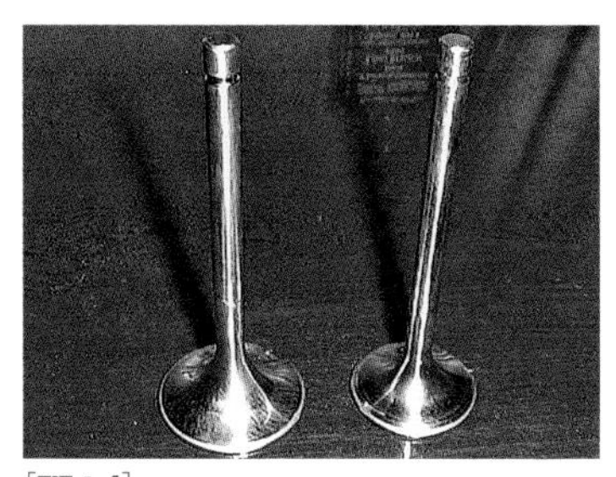

[Fig. 1-4]
ナトリウム封入式のバルブ（308）

[Fig. 1-5]
2 バルブの燃焼室（330GTC）

[Fig. 1-6]
4 バルブの燃焼室（F40）

[Fig. 1-7]
5 バルブの燃焼室（F355）

[Fig. 1-8]
綺麗に成形・研磨されたインテークポート（同）

[Fig. 1-9]
軽く磨かれただけのエキゾーストポート（同）

[Fig. 1-10]
右側のポートのくっきりとしたリューター痕（308GTB）

[Fig. 1-11]
エンジンから取り外したライナー（F355）

[Fig. 1-12]
新品のライナー（同）

[Fig. 1-13]
リング 4 本タイプのピストン（512BB）

[Fig. 1-14]
マーレ社製鍛造ピストン（F355）

[Fig. 1-15]
鍛造ピストンとチタンコンロッド（同）

[Fig. 1-16]
溶けたエキゾーストバルブ（同）

[Fig. 1-17]
銅合金製のバルブガイド（F355、1996）

[Fig. 1-18]
V8 エンジン（F40）

[Fig. 1-19]
エンジン縦置き用のマウントステー（308）

[Fig. 1-20]
アルミ製シリンダーライナー（328）
メッキされているので、アルミのように見えない

[Fig. 1-21]
限界まで薄く形成されたライナー（F355）
ボア限界は 85mm なことが一目瞭然

[Fig. 1-22]
初期型ヨーロッパ仕様（308）

[Fig. 1-23]
US〔ディーラー〕仕様エンジン（328）

[Fig. 1-24]
前側の形状が独特（348）

[Fig. 1-25]
5 バルブ化されたにもかかわらず、
コンパクトにまとめられたヘッドと
8 連スロットルが目を引く（F355）

[Fig. 1-26]
放射状に配置されたバルブ（同）

[Fig. 1-27]
テーパー加工されたカム（同）

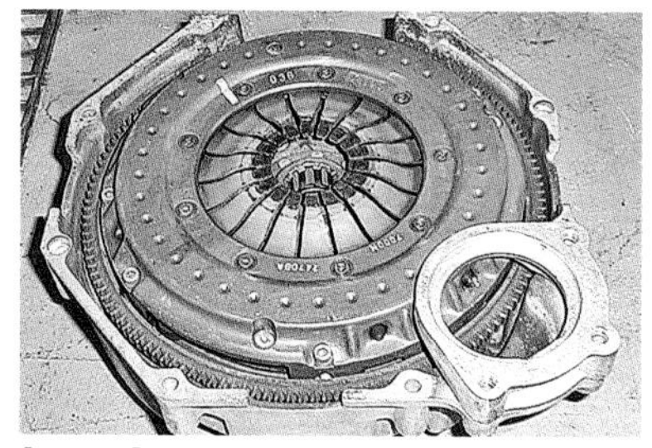

[Fig. 1-28]
マグネシウム製クラッチハウジング（同）

[Fig. 1-29]
初期 V8 エンジンの最終型（360）

[Fig. 1-30]
エンジン真下の構造（F430）

[Fig. 1-31]
458 Italia のエンジンとトランスミッション外観
Eurospares 社（eurospares.co.uk）より転載

[Fig. 1-32]
488 のエンジンとトランスミッション外観
Eurospares 社（eurospares.co.uk）より転載

[Fig. 1-33]
独特の結合方法（308GTB、1973）

[Fig. 1-34]
ミッション単体（328）

[Fig. 1-35]
メンテナンス中のエンジン（348）
当時のミッドシップは、
フレームごとエンジンを降ろす構造

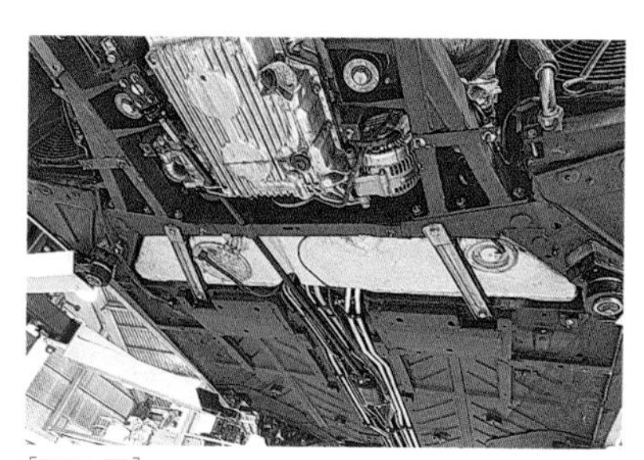

[Fig. 1-36]
エンジンとキャビンの間に収納された
アルミ製の燃料タンク（F355）

[Fig. 1-37]
室内からエンジンメンテナンスが可能になった（360）

[Fig. 1-38]
エキマニ近くにレイアウトされるパワステポンプ（F430）

[Fig. 1-39]
この隙間から定期メンテナンスする（308）

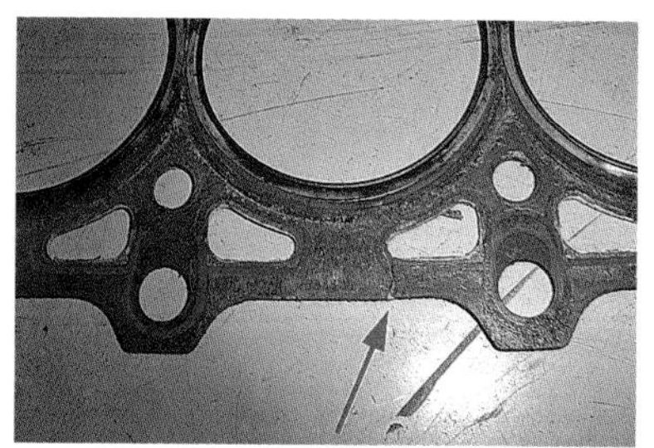

[Fig. 1-40]
抜けたヘッドガスケット（328）
経年劣化である

[Fig. 1-41]
プラグコードも消耗品（328）

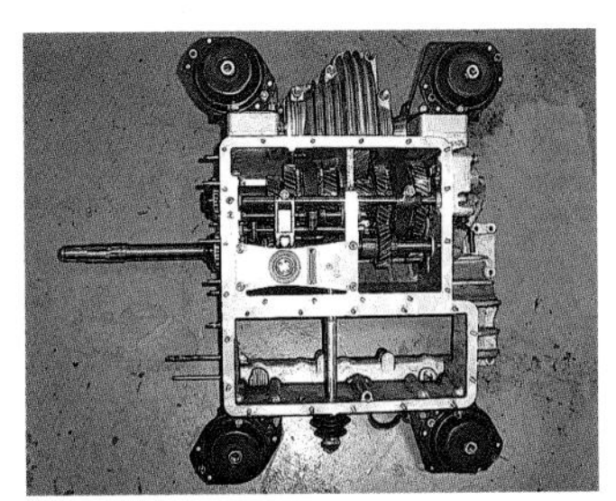

[Fig. 1-42]
この構造が根本的原因（同）

[Fig. 1-43]
フローティングされたオイルシール（同）

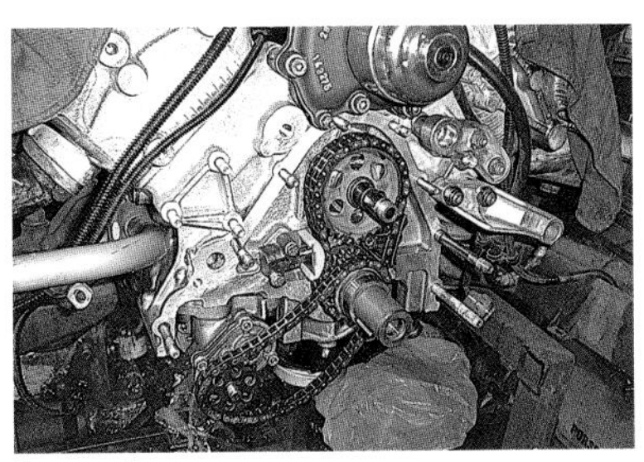

[Fig. 1-44]
エンジン内部、カム駆動系（348）

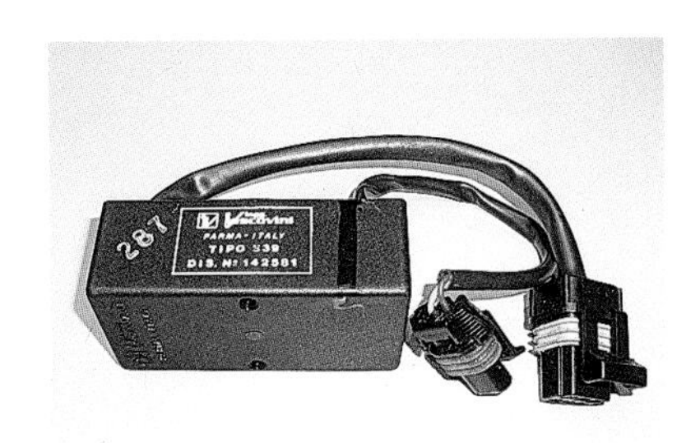

[Fig. 1-45]
悪名高いエキゾーストテンプユニット外観（同）

[Fig. 1-46]
下が対策前、上が対策品（F355）

[Fig. 1-47]
摩耗したオイルリング（同）

[Fig. 1-48]
正常なオイルリング（同）

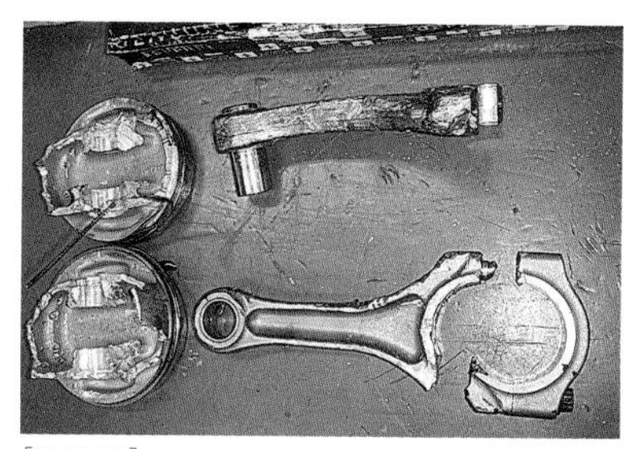

[Fig. 1-49]
ボルト破断によりダメージを受けた部品（同）

[Fig. 1-50]
左が旧タイプ、右が最新の品（同）

[Fig. 1-51]
このホースが割れてエンジン不調になると、
発見が困難（同）

[Fig. 1-52]
矢印の部品がバリエーター（360）
鉄の塊で、いかにも強度が高そうに見えるのだが

[Fig. 1-53]
破損したテンショナー（同）

[Fig. 1-54]
これが対策ですか？（同）

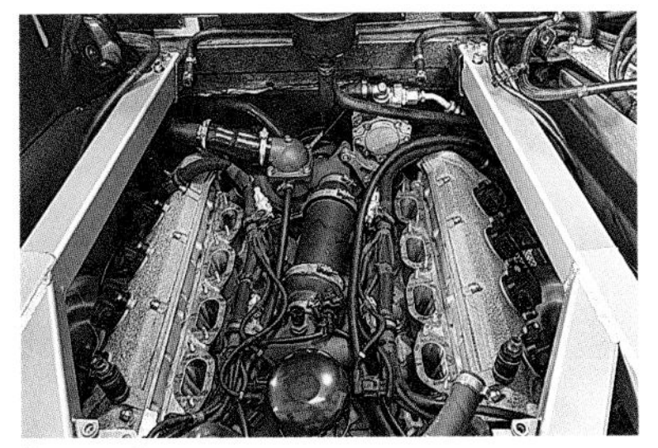

[Fig. 1-55]
ガスケット（緑色の部品）の交換作業（同）

[Fig. 1-56]
1本のシャフトで回すウォーターポンプと
オイルポンプ×3（F430）

[Fig. 1-57]
エンジン外観（F50）

[Fig. 1-58]
前側より（同）

[Fig. 1-59]
シリンダーヘッドを外したところ（同）

[Fig. 1-60]
通路を個別にシールし、
シリンダーブロック上面とシリンダーヘッド下面は、
金属同士が密着する（同）

[Fig. 1-61]
放射状に配置されたエキゾーストバルブ（同）
テーパーのカムで駆動する（F355、360 はインテークのみ）

[Fig. 1-62]
この程度のフライス跡は普通（512BB）

[Fig. 1-63]
エンジン単体（365BB）

[Fig. 1-64]
エンジン単体外観（512BB）

[Fig. 1-65]
エンジン単体外観（512BBi）

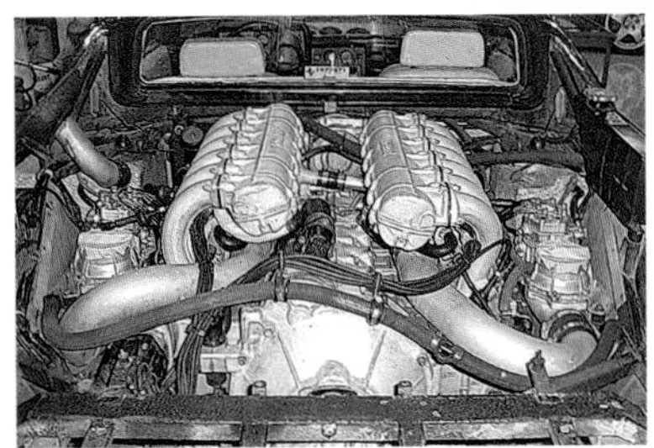

[Fig. 1-66]
かなり無理がある K- ジェトロの搭載方法（同）

[Fig. 1-67]
純正 CDI 外観（512BB）

[Fig. 1-68]
機械式進角装置の外観

[Fig. 1-69]
エンジン外観（テスタロッサ）

[Fig. 1-70]
K- ジェトロのユニット配置（同）

[Fig. 1-71]
エンジン外観（512TR）

[Fig. 1-72]
穴開け軽量化されたクランク（F512M）

[Fig. 1-73]
エンジン下部（同）
チタン製コンロッドが見える

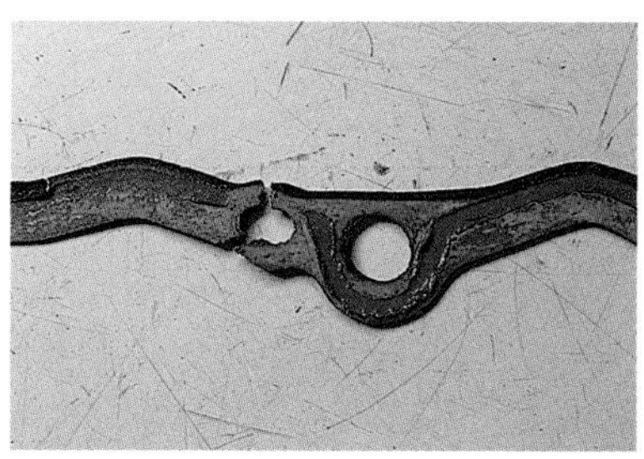

[Fig. 1-74]
伸びて切れたガスケット（テスタロッサ）

[Fig. 1-75]
エンジン外観（デイトナ）

[Fig. 1-76]
チェーンケースとシリンダーヘッドの接合部（412）
あちこちに隙間があり、
それを太目の O リングで埋めている

[Fig. 1-77]
カムギアトレーンの構造（デイトナ）
OHC をベースにツインカム化されたことがよく分かる

[Fig. 1-78]
OHC 時代のエンジン（330GTC）
参考までに

[Fig. 1-79]
ツインチョークが 6 個並ぶ（デイトナ）

[Fig. 1-80]
エンジン外観（365GT4）

[Fig. 1-81]
エンジン外観（412）
補機類のボリュームが大きい

[Fig. 1-82]
立ち並ぶファンネル（同）

[Fig. 1-83]
エンジン全体（456GT）

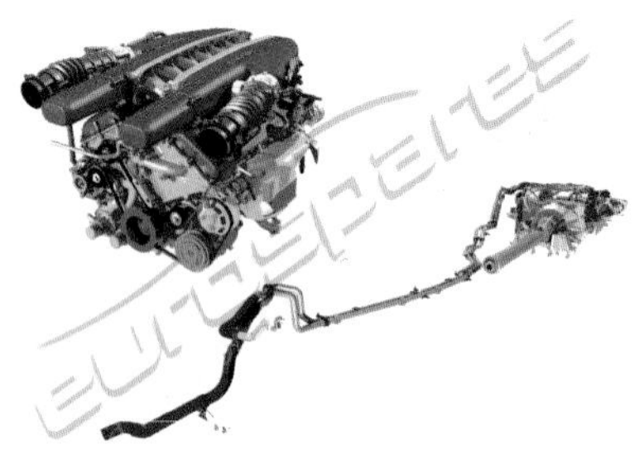

[Fig. 1-84]
F12 のエンジンとトランスミッション外観
Eurospares 社（eurospares.co.uk）より転載

[Fig. 1-85]
エンジン外観（206GT）

[Fig. 1-86]
エンジン外観（同）

[Fig. 1-87]
凝った造形のクランクシャフト（同）

[Fig. 1-88]
アルミのシリンダーブロック（同）

[Fig. 1-89]
限界までボアが拡大されている（246GT）

[Fig. 1-90]
FIAT 製部品には全て刻印が入る。
シリンダーブロック（206GT）

[Fig. 1-91]
ピストントップを凹ませて低圧縮化している（F40）

[Fig. 1-92]
燃焼室も NA モデルより深い（同）

[Fig. 1-93]
バンパーを外した状態（288GTO）

[Fig. 1-94]
エンジンを下ろした状態（F40）

[Fig. 1-95]
タイミングベルト採用当時の、華奢なベルト
驚くことに、プーリーはプラスチック製である(308)

[Fig. 1-96]
切れるとバルブはこうなる(F355)

[Fig. 1-97]
クラックが入ったフィッティング(同)

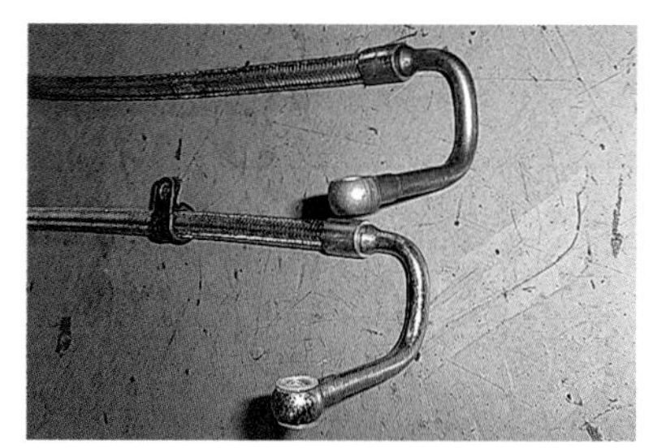

[Fig. 1-98]
上が未対策、下が対策品(512TR)

[Fig. 1-99]
燃料漏れを起こしたポンプ(F430SP)

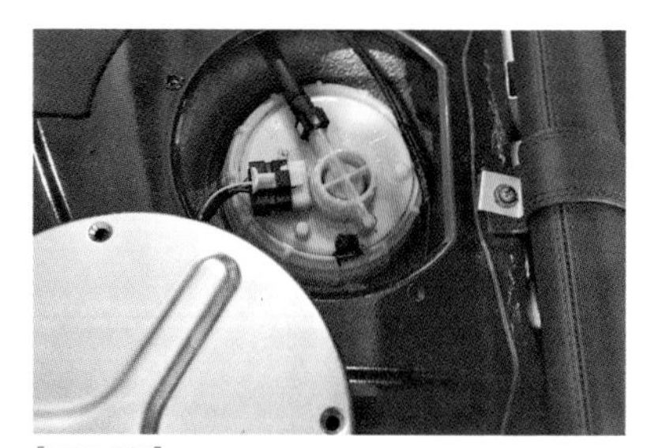

[Fig. 1-100]
交換前の白色の燃料ポンプ(599GTB)

[Fig. 1-101]
交換後のベージュの燃料ポンプ（同）
色が発生率の高さと、
引火した時のダメージの大きさから、
弊社では車検など定期点検の際には、
ポンプの色を目視確認するようにしている。

[Fig. 1-102]
完調のキャブレターがエンジンを守る（246GT）

[Fig. 1-103]
ピンを挿す穴位置を変えることで、
バルブタイミングを変更（F355）

[Fig. 1-104]
バルブタイミング測定中
（同）

[Fig. 1-105]
脆弱なプラスチック製部品を使用したラジエーター
（同）

[Fig. 1-106]
溶けたエキマニ（同）
遮熱カバーで厳重に覆われているので、
修理は一苦労である

トランスミッション

第二章

Trasmissione

[Fig. 2-1]
スパルタンなシフトゲート（F50）

[Fig. 2-2]
ダブルコーンシンクロ（F355）

[Fig. 2-3]
トランスアクスル方式（330GTC、1968）

[Fig. 2-4]
トルクチューブとミッション（同）

[Fig. 2-5]
割れたデフとサイドハウジング（テスタロッサ）

[Fig. 2-6]
ミッションのメインシャフトとギア（同）

[Fig. 2-7]
矢印のベアリングの破損例が多い（同）

[Fig. 2-8]
矢印の部分が干渉し、ミッションケースが削れてしまう（同）

[Fig. 2-9]
ミッション全長とデフギアの直径がほぼ同じ（F355）

[Fig. 2-10]
デフギアはいちばん上に位置する（同）

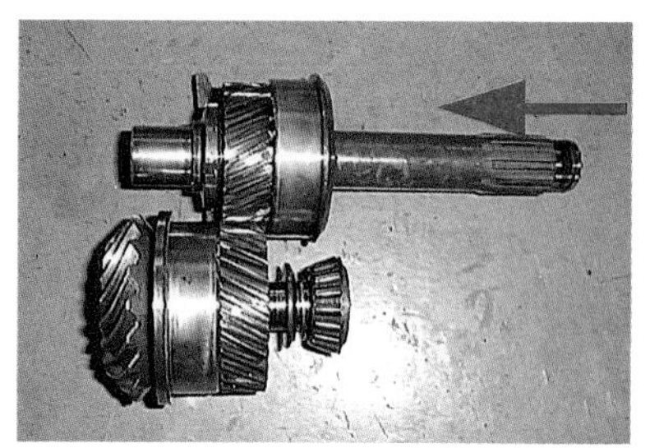

[Fig. 2-11]
上側シャフトを固定するリング状のナット（同）

[Fig. 2-12]
内側はクランクよりクラッチに動力を伝え、
外側はミッションを回転させる（同）
矢印のシールで、シャフト間をシールしている

[Fig. 2-13]
複雑なシフトフォーク（同）
回転軸同様、シフトレバーの動きは
90 度向きを変えて伝達される

[Fig. 2-14]
軽量化にこだわった中空の大きなギア（同）

[Fig. 2-15]
ミッション外観（F430）

[Fig. 2-16]
一般的なタイプである（同）

[Fig. 2-17]
456GTA のシフトレバー

[Fig. 2-18]
ヒートエクスチェンジャー（F355）

[Fig. 2-19]
低位置かつ小径であるツインプレートクラッチ（F50）

[Fig. 2-20]
嫌な思い出しかないツインプレートクラッチ
（テスタロッサ）

[Fig. 2-21]
熱により流出した内部のグリス（F430）

[Fig. 2-22]
オーソドックスなプレート式の LSD（F355）

[Fig. 2-23]
電子制御デフ（E- デフ）外観（F430）

[Fig. 2-24]
E- デフの構造。
大きな油圧シリンダーで LSD プレートを押し、
ロック率を変える（同）

[Fig. 2-25]
PTU ユニット外観（FF）

[Fig. 2-26]
熱で膨らんだブーツ（F355）
このケースでは 10000km で交換になった

[Fig. 2-27]
F1 システムの部品と一体になったミッション（599）

[Fig. 2-28]
油圧ポンプ、アキュームレーター、
油圧を切り替えるソレノイドバルブが一体となった
ユニット（F430）

[Fig. 2-29]
油圧を変え、
クラッチペダルを踏むのと同様の動きを行う。
部品は驚くほど MT と共通である（同）

[Fig. 2-30]
油圧はミッションケース横のアクチュエーターにも送られ、
シリンダーを動かしシフトチェンジさせる（同）

[Fig. 2-31]
41.36% の表示があるテスター画面（同）

[Fig. 2-32]
ミッションとアクチュエーター外観（575M）

[Fig. 2-33]
F1 システムのメンテナンス中（ストラダーレ）

[Fig. 2-34]
修理するには、ここまでの分解が必要である（F430）

[Fig. 2-35]
これらのスクリューが緩みやすい（360）

[Fig. 2-36]
専用工具を用いて行う。そう頻繁に行う作業ではなく、F1 システムの故障診断の一環として行うことが多い（F430）

[Fig. 2-37]
F1 システムのメンテナンス中（同）

[Fig. 2-38]
SELESPEED の刻印（360）

[Fig. 2-39]
焼けたクラッチ（F430）

[Fig. 2-40]
特有の痕跡が残る（同）

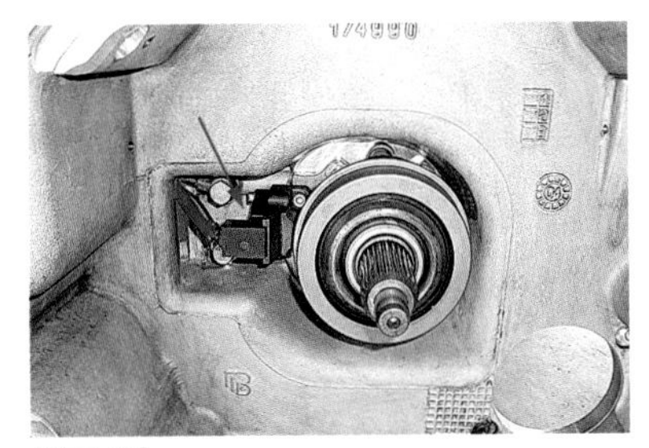

[Fig. 2-41]
矢印の部品がストロークセンサー（360）

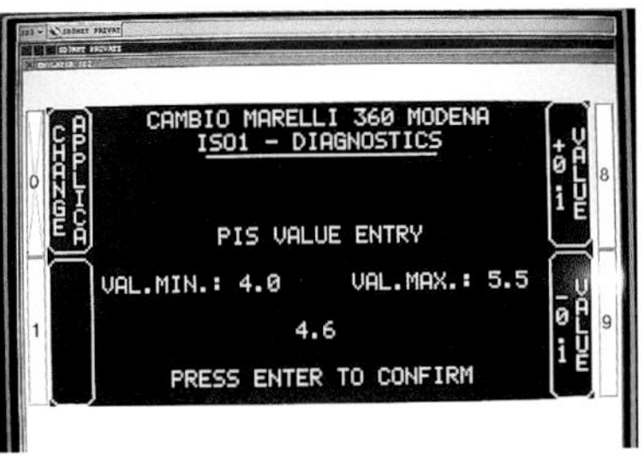

[Fig. 2-42]
テスター画面（同）

[Fig. 2-43]
置きっぱなしで錆で貼り付いたクラッチ（612）

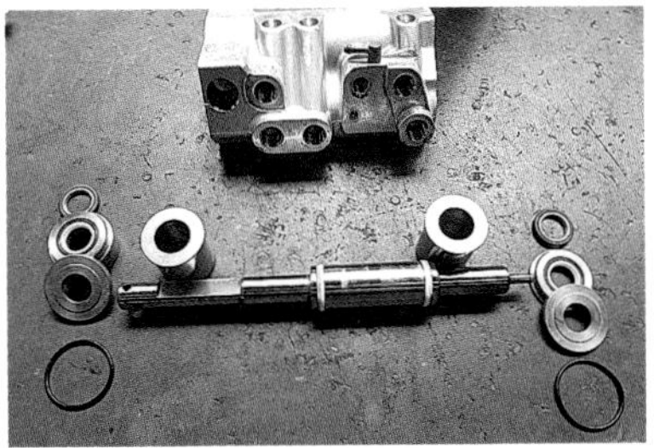

[Fig. 2-44]
写真中の白や青の部品が、製作したテフロンシール（F355）

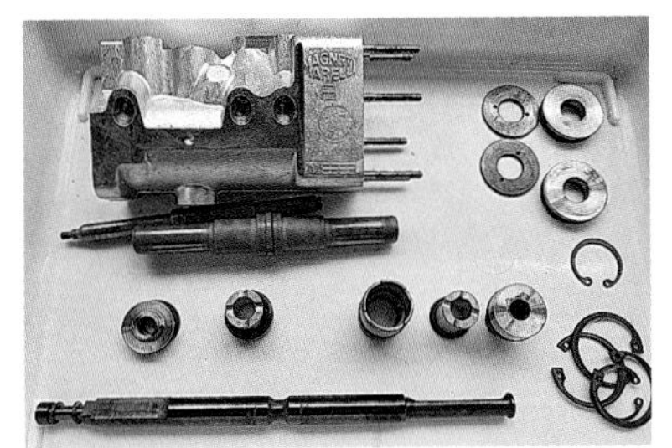

[Fig. 2-45]
360 以降は耐摩耗性を向上させるため、
金属粉入りのテフロンシールを用いている。
同等の材質を用いて製作した

[Fig. 2-46]
内部のシールと O リング

カロッツェリア

第三章

Carrozzeria

[Fig. 3-1]
継ぎ目を消した後に塗装された
フロントフェンダーとAピラー（328）

[Fig. 3-2]
綺麗に消されたルーフとリアフェンダーの継ぎ目（360）

[Fig. 3-3]
矢印の2箇所を溶接で繋いでいるフロントフェンダー（同）

[Fig. 3-4]
ピラーに継ぎ目がある（488PISTA）

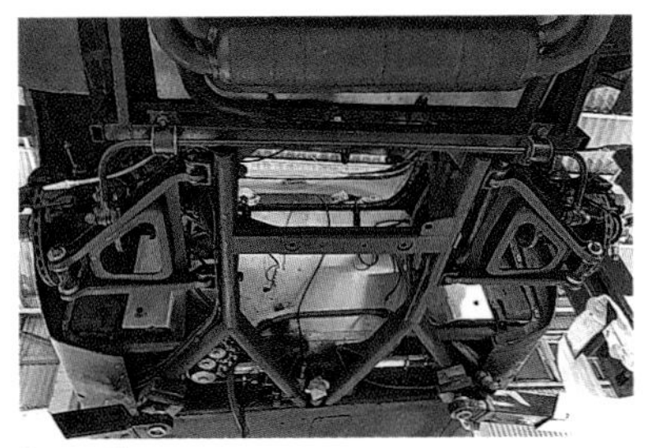

[Fig. 3-5]
鋼管のフレームワーク（206GT）

[Fig. 3-6]
鉄製フレームにカーボンケブラーの
ボディーパネルをかぶせる（F40）

[Fig. 3-7]
カウル類を支える華奢なフレーム（365BB）

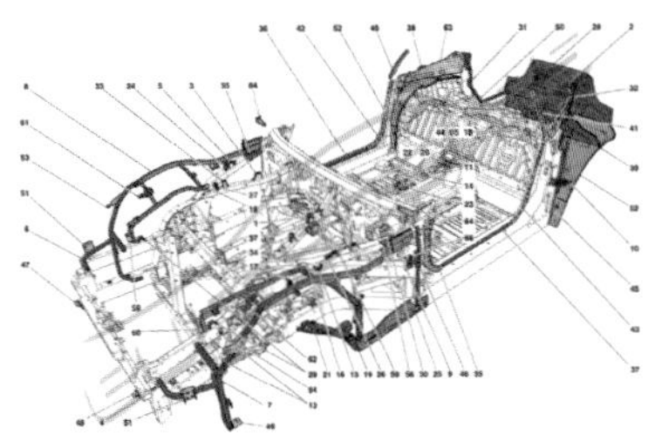

[Fig. 3-8]
ルーフ部は独立したフレームを持たない構造（F12）
Eurospares 社（eurospares.co.uk）より転載

[Fig. 3-9]
ウインカーレンズですら、
交換時には現物合わせの削り加工を要する（512BB）

[Fig. 3-10]
カーボンモノコック後端のエンジンとの接合部（F50）

[Fig. 3-**11**]
エンジンルームのカーボンパーツ（430 スクーデリア）

[Fig. 3-**12**]
マグネシウム製のクラッチハウジング（F40）

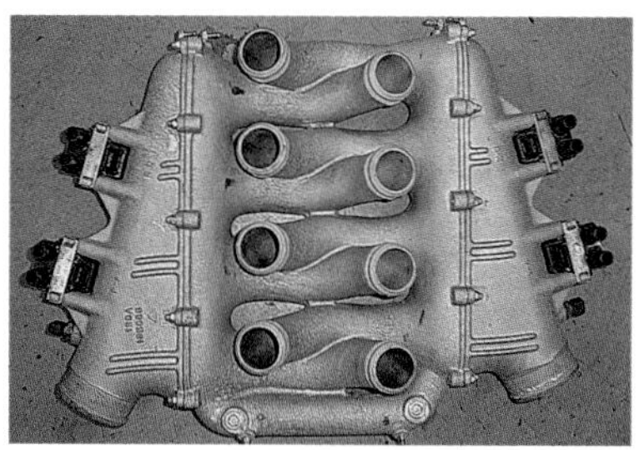

[Fig. 3-**13**]
マグネシウム製インテークマニホールド（同）

[Fig. 3-**14**]
ボンネット上のライン（430 スクーデリア）

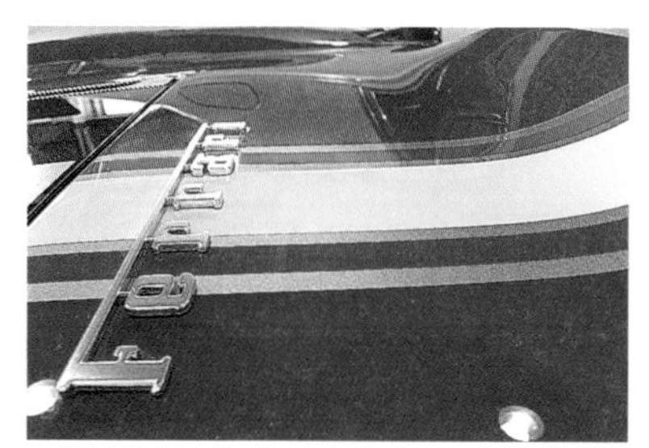

[Fig. 3-**15**]
リアハッチへと続くライン（同）

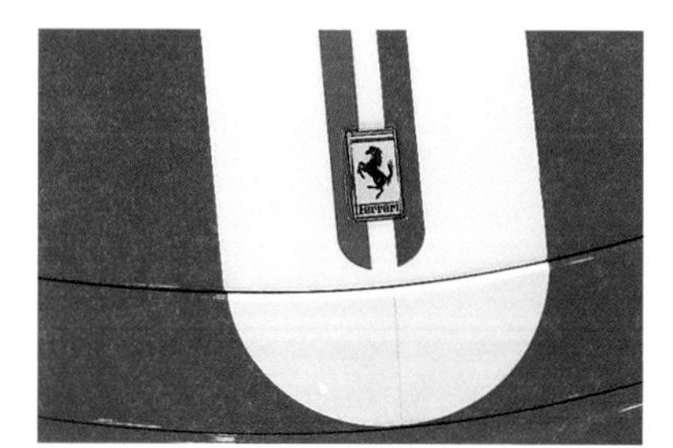

[Fig. 3-**16**]
半円状の始点位置が車によりまちまちである
（360 ストラダーレ）

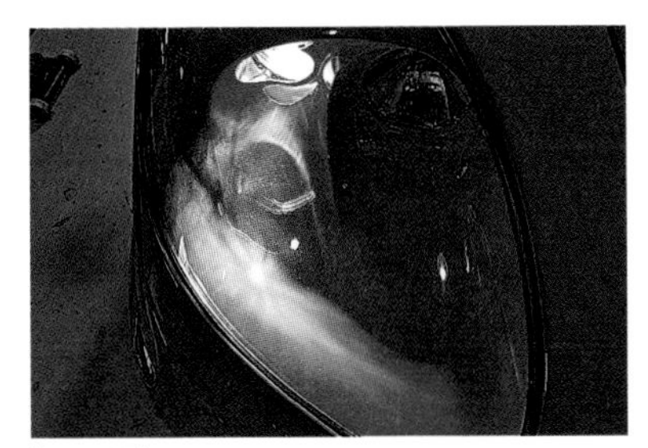

[Fig. 3-17]
曇るライトカバー（360）

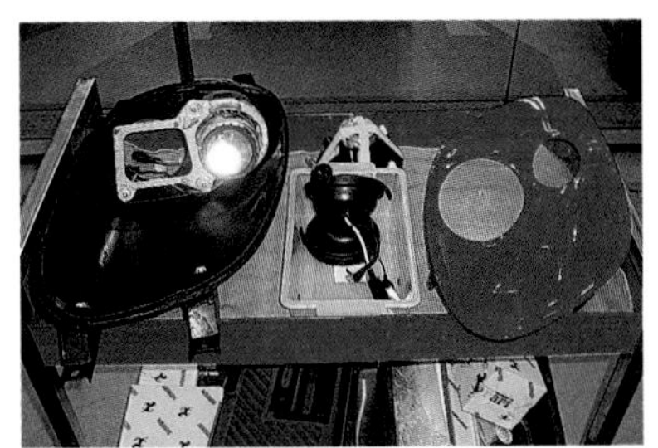

[Fig. 3-18]
例外的に分解可能なヘッドライト（F50）

[Fig. 3-19]
華奢なネジで固定されるテールランプ（F430）

[Fig. 3-20]
幌の存在で圧迫感が大きい室内（F355）

[Fig. 3-21]
自動収納されるハードトップ（458 スパイダー）

[Fig. 3-22]
これだけしかエンジンが見えない（同）

[Fig. 3-23]
手貼りの FRP に手縫いの革をかぶせたダッシュボード（512BB）

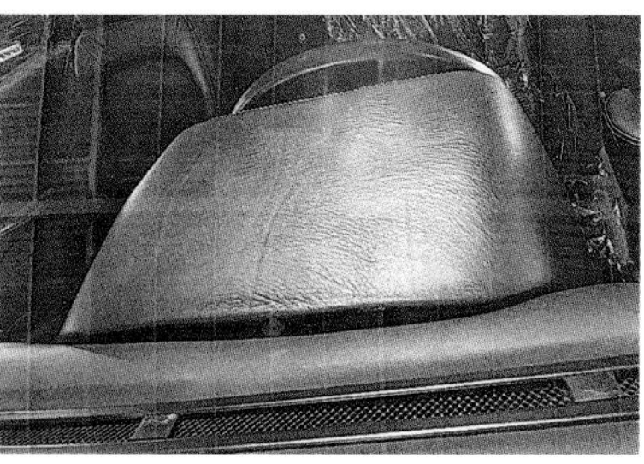

[Fig. 3-24]
浮いてしまったメーターバイザー（F355）

[Fig. 3-25]
ベタつき末期状態の例（348）

第四章 電装系

Sistema Elettrico

[Fig. 4-1]
バッテリー搭載位置（328）

[Fig. 4-2]
バッテリー搭載位置（458）

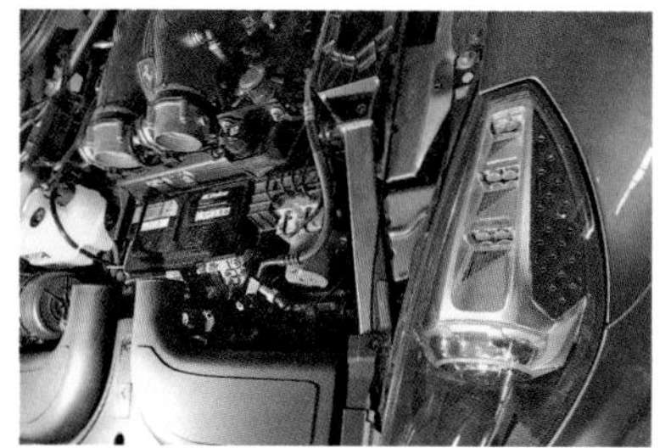

[Fig. 4-3]
バッテリー搭載位置（カリフォルニア）

[Fig. 4-4]
新旧オルタネーター（348）
右が対策品で、大型化されている

[Fig. 4-5]
焼け落ちた出力端子（360）

[Fig. 4-6]
灯火類やアクセサリーの電装品を一括制御する
ボディーコンピューター（599GTB）

[Fig. 4-7]
手回しによる窓開閉（Enzo）

[Fig. 4-8]
フェラーリロゴを路面に映す（FF）

[Fig. 4-9]
焼けた端子（F40）

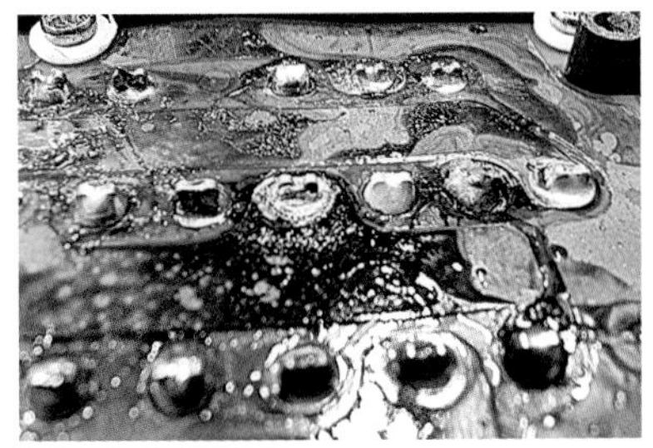

[Fig. 4-10]
ヒューズボード（同）

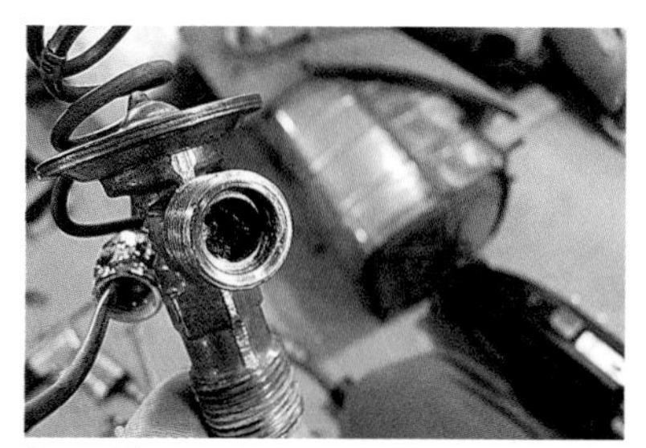

[Fig. 4-11]
詰まったエキスパンションバルブ（テスタロッサ）

[Fig. 4-12]
ここまで分解する（同）

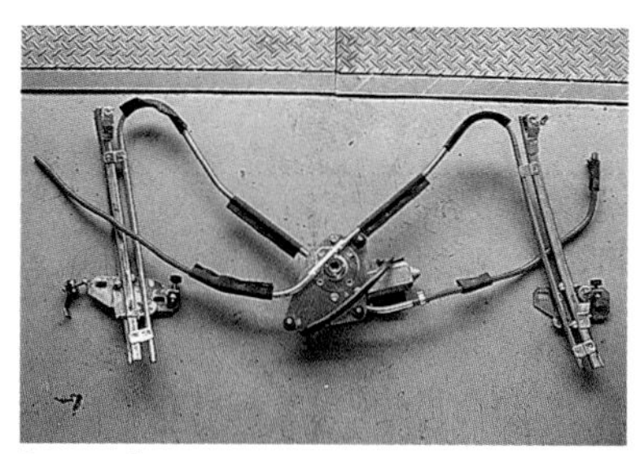

[Fig. 4-13]
パワーウインドウユニットの外観（F355）

[Fig. 4-14]
マウントステーの破損例（同）

[Fig. 4-15]
破損したモーターのマウント（同）

[Fig. 4-16]
ニカド電池の液漏れにより破損した
サイレン・ユニットの基盤（同）

[Fig. 4-17]
ステアリングに装着される多くのスイッチ（Enzo）

[Fig. 4-18]
ボタンスイッチの極致（458）

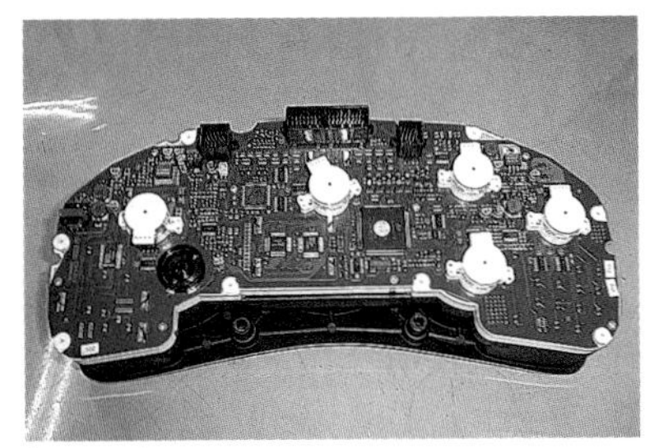

[Fig. 4-19]
メーター内部（360）
左側の赤いコイルがインバーター回路の部品だ

[Fig. 4-20]
リフティングユニット内部（Enzo）

[Fig. 4-21]
IAW

[Fig. 4-22]
SD–1

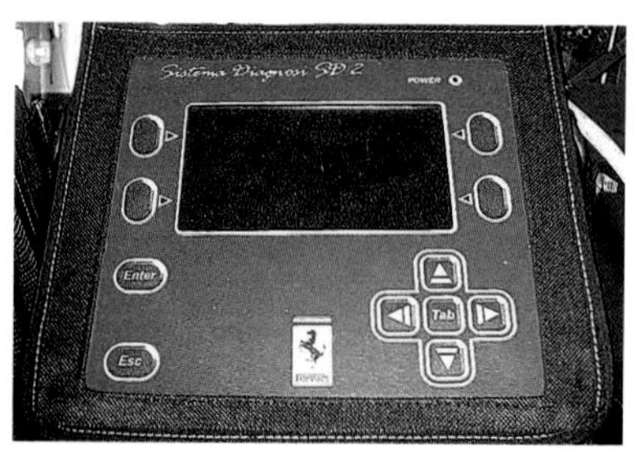

[Fig. 4-23]
SD–2

[Fig. 4-24]
SD–3

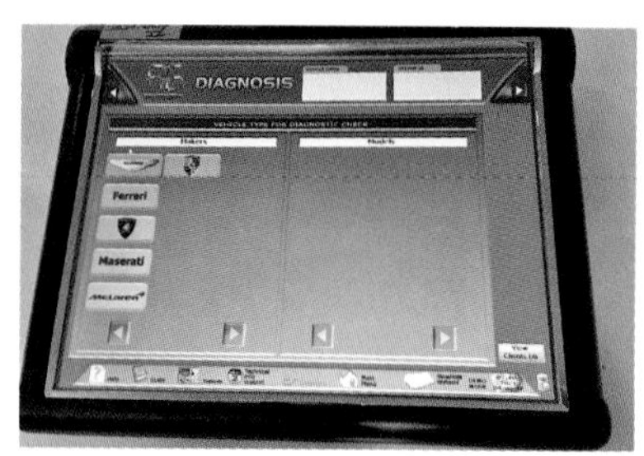

[Fig. 4-25]
レオナルドのテスター

[Fig. 4-26]
SONY 製の純正デッキ（F355）

[Fig. 4-27]
オプションの JBL システム（458）

[Fig. 4-28]
バイパス配線で修理した例（F40）

[Fig. 4-29]
コントロールユニット内部(F355)

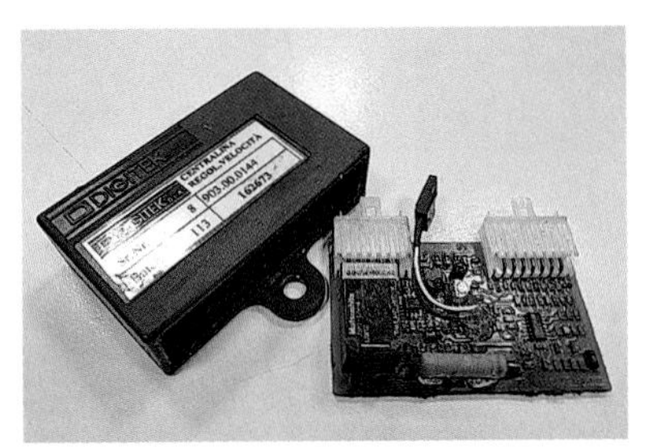

[Fig. 4-30]
焼けたユニット内部の基盤(F50)

[Fig. 4-31]
修理後(同)

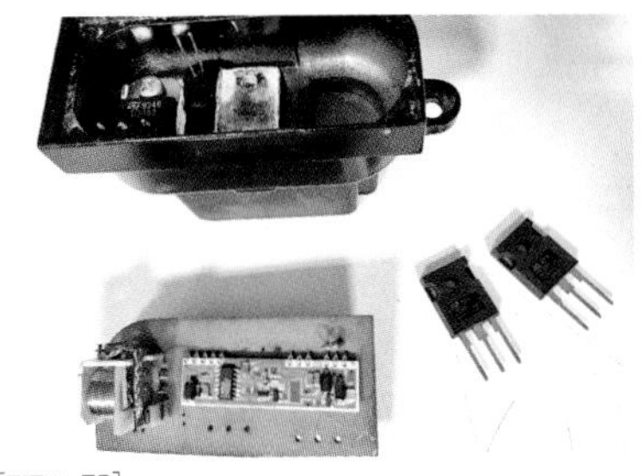

[Fig. 4-32]
分解修理中のファンコントロールユニット(F355)

[Fig. 4-33]
パネルの交換作業中(599)

[Fig. 4-34]
作成したスペアリモコン(456GTA)

足回り

第五章

Sospensione E Sistema Di Freno

[Fig. S-1]
V字パターン(308)

[Fig. S-2]
カンパニョーロ製マグネシウムホイール
(330GTC　1968)

[Fig. S-3]
クロモドラ製(512BB)

[Fig. S-4]
スピードライン製(F50)

[Fig. S-5]
BBS 製チャレンジホイール（F430）

[Fig. S-6]
カーボンホイール（488PISTA）。Eurospares 社（eurospares.co.uk）より転載

[Fig. S-7]
最近のホイールデザイン
スポークは驚くほど細く、まるで蜘蛛の足のようだ（458）

[Fig. S-8]
巨大なブレーキキャリパーを逃がすため、
スポークは湾曲している（430Scuderia）

[Fig. S-9]
センターロック（F50）

[Fig. S-10]
これだけの幅をエンジンが占有する（512BBi）

[Fig. S-11]
残りがサスペンションのスペースだ（同）

[Fig. S-12]
ボルトナットで組み立てられたサスペンションアーム（512BB）

[Fig. S-13]
手が込んだサスペンションアーム（テスタロッサ、1984）

[Fig. S-14]
少数部品で構成されたサスペンションアーム（Dino246GT）

[Fig. S-15]
ブッシュとアームの溶接痕（330GTC）

[Fig. S-16]
プレス鋼板を貼り合わせたアーム（F355）

[Fig. S-17]
矢印の箇所がメタルブッシュ（Dino206GT）

[Fig. S-18]
改良型（F355）

[Fig. S-19]
アルミのサスペンションアーム（360）

[Fig. S-20]
延長されたトーコントロールロッド（458）

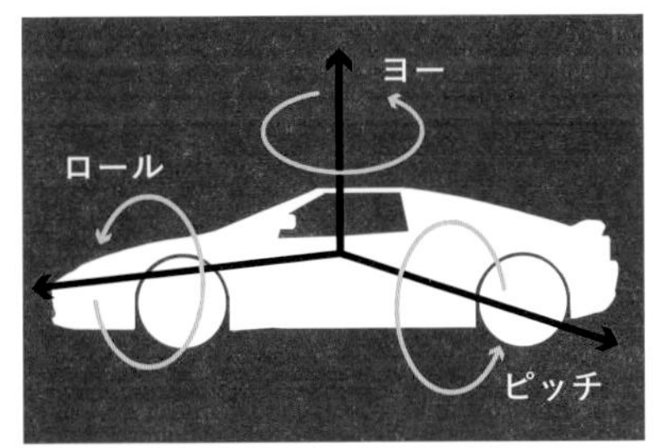

[Fig. S-21]
ロールは前後軸（x 軸：車両の進行方向）に対する回転、ピッチは左右軸（y 軸：車両の左右方向）に対する回転、ヨーは上下軸（z 軸：車両の垂直方向）に対する回転に対応する

[Fig. S-22]
地面と平行な各アームの付け根（Dino246GT）

[Fig. S-23]
前上がりのサスペンションアッパーアーム(F355)

[Fig. S-24]
フロントは前下がり(360)

[Fig. S-25]
リアは後ろ下がり(同)

[Fig. S-26]
右手が車両前方(458)

[Fig. S-27]
オレンジ色のダンパー(512BB)

[Fig. S-28]
ビルシュタインの高圧ガス式ダンパー(328)

[Fig. S-29]
赤い部品がモーター（F50）

[Fig. S-30]
2倍になったスプリングレート（360）

[Fig. S-31]
最新式のダンパー（458）

[Fig. S-32]
アッパーアームに取り付けられたストロークセンサー（同）

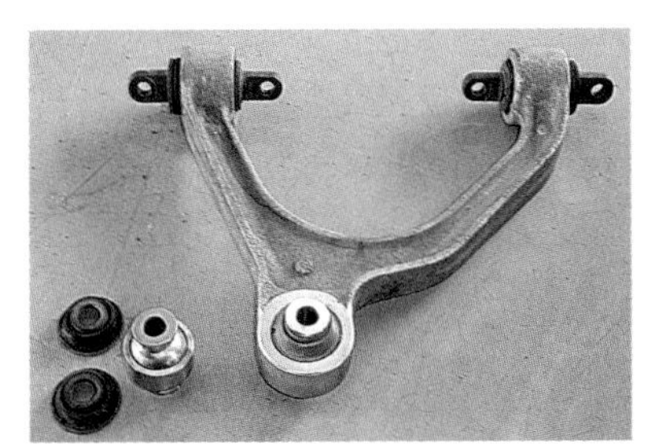

[Fig. S-33]
ボールジョイントを交換したアーム（360）

[Fig. S-34]
ダンパー上の歯車状ダイアル（F355）

[Fig. S-35]
ボールナット式のステアリングギアボックス（330GTC）

[Fig. S-36]
サイドブレーキ付き対向 2 ポットキャリパー（308）

[Fig. S-37]
片押しキャリパー（328）

[Fig. S-38]
リアブレーキローター内部のドラムブレーキ（F355）

[Fig. S-39]
リアブレーキ（512BBi）

[Fig. S-40]
ブレンボ製キャリパー（F355）

[Fig. S-41]
ドリルドローターと大型キャリパー（512M）

[Fig. S-42]
かなり小ぶりなサイドブレーキ用キャリパー（F430）

[Fig. S-43]
軽量化されたローター（360）

[Fig. S-44]
保管中にパッドが当たる箇所から発生した錆（330GTC）

[Fig. S-45]
錆び付いたブレーキピストン（308）

[Fig. S-46]
スーパーカーの標準となったカーボンブレーキ（458）

[Fig. 5-47]
これだけ大径でも軽量である（458 スペチアーレ）

[Fig. 5-48]
360 ストラダーレ初期型や Enzo のカーボンローターは、現在のものと外観が大幅に違う（360 ストラダーレ）

その他

第

章

I Altri

[Fig. 6-1]
ドアに内蔵されたサイドエアバッグ（599）

[Fig. 6-2]
AMG SL55を徹底研究（カリフォルニア）

[Fig. 6-3]
SLとそっくりの動き（同）

[Fig. 6-4]
SLとそっくりの動き（同）

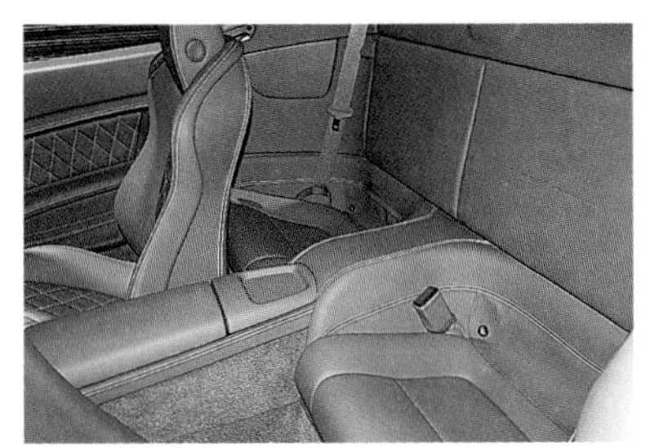

[Fig. 6-5]
リアシートもSLに似ている（同）

[Fig. 6-6]
両シート間に開放感を実現（同）

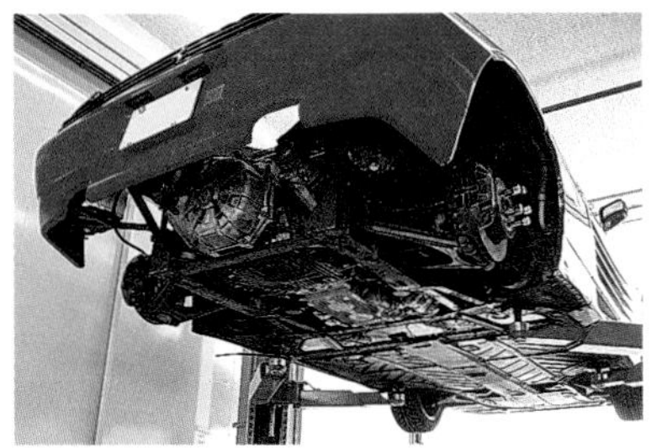

[Fig. 6-7]
エンジン後方は剝きだし（348）
写真はエンジン下カバーを外した状態である

[Fig. 6-8]
ボディー下部（F355）

[Fig. 6-9]
エンジン下部を覆うパネル（360 Challenge）

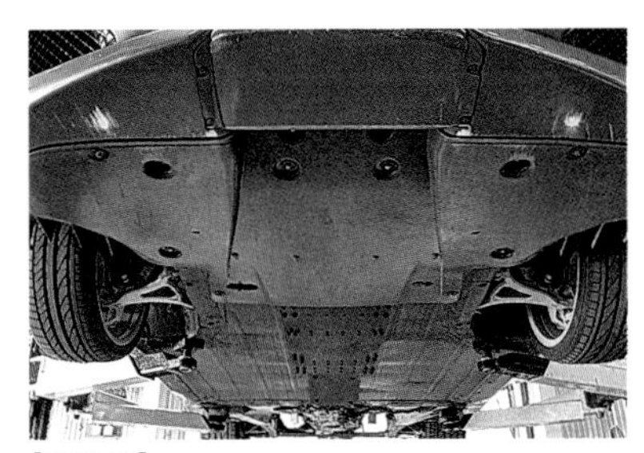

[Fig. 6-10]
フロント下部の造形（F430）

[Fig. 6-11]
フロント下部の造形（同）

[Fig. 6-12]
エンジン下部を覆うパネル（同）

[Fig. 6-13]
ディフューザーの造形（430 スクーデリア）

[Fig. 6-14]
フロント下部の造形（458 スペチアーレ）

[Fig. 6-15]
ディフューザーの形状（同）

[Fig. 6-16]
458 スペチアーレ譲りの、
モーター駆動式可変ディフューザー（488）

[Fig. 6-17]
フロントボディー下部の造形①（488）

[Fig. 6-18]
フロントボディー下部の造形②（同）

車種	カタログデータ重量（kg）	車検証重量（kg）
360Modena	1340	1430
360Challenge Stradale	1230	1350
F430	1400	1510
430Scuderia	1310	1440
California	1680	1880
458Italia	1430	1580
612 Scaglietti	1810	1950
F50	1280	1370
Enzo Ferrari	1305	1460
458Spider	1480	1630
FF	1840	1970
488Spider	1470	1650

[Fig. 6-19]

[Fig. 6-20]
カーボンのスポーツシート(F430)

[Fig. 6-21]
カーボンのチャレンジグリル(同)

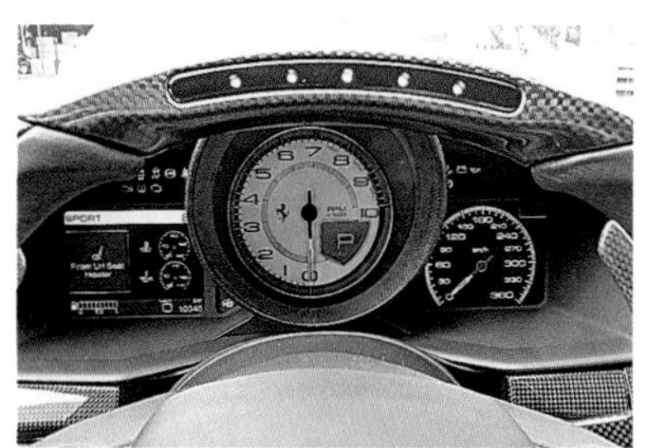

[Fig. 6-22]
シフトインジケーター付きステアリング(458)

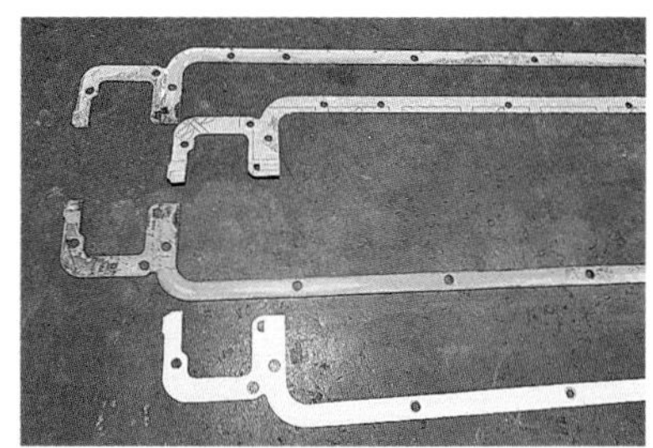

[Fig. 6-23]
茶色のほうが製作したガスケット(330GTC)
旧いモデルのヘッドカバーガスケットなど、
部品を購入せずにあえて自作するケースも多い

[Fig. 6-24]
部品の破損例(F355)
華奢で大きな部品、例えばフロントガラスモールなどは
破損して届く頻度が高い

[Fig. 6-25]
部品番号を共用するタイヤプレッシャーセンサー
フェラーリとマセラティ共通の番号で管理される

附録　車種別年譜

296GTB（2021年）
F8トリブート（2019年）
812GTS（2019年）
SF90ストラダーレ（2019年）
ローマ（2019年）
488ピスタ（2018年）
812スーパーファースト（2017年）
ポルトフィーノ（2017年）
GTCルッソ（2016年）
488スパイダー（2015年）
488GTB（2015年）
458スペチアーレ（2013年）
ラ フェラーリ（2013年）
458スパイダー（2011年）
FF（2011年）
458イタリア（2010年）
599GTO（2010年）
カリフォルニア（2008年）
スクーデリア・スパイダー16M（2008年）
430スクーデリア（2007年）
599GTBフィオラノ（2006年）
F430スパイダー（2004年）
F430（2004年）
612スカリエッティ（2004年）
360チャレンジストラダーレ（2003年）
エンツォフェラーリ（2002年）
575M（2002年）
360モデナ、スパイダー（1999年）
550マラネロ（1996年）
F50（1995年）
F512M（1995年）
F355ベルリネッタ　GTS（1994年）
456　456M　456GT　456GTA（1992年）
512TR（1991年）
348GTB　GTS　スパイダー（1993年）
348tb　ts（1989年）
モンディアルt（1989年）
F40（1987年）
328GTB、GTS（1985年）
412（1985年）
テスタロッサ（1984年）
288GTO（1984年）
512BBi（1981年）
512BB（1976年）
400（1976年）
308GTB、GTS（1975年）
365GT4BB（1973年）
ディーノ308GT4（1973年）
365GT/4 2+2（1972年）
365GTC/4（1971年）
ディーノ246（1969年）
ディーノ206（1968年）
365GTB/4（デイトナ）（1968年）
330GTC（1968年）

		1960 8	9
FR	スポーツ	330GTC	
	V12		
	2＋2		365GT
	V8		
	V8クーペ		
MR	V6／V8	ディーノ206	
	2＋2		
	V12		
4WD／4シーター			
プラグインハイブリッドV8			
プラグインハイブリッドV6			
スペチアーレ			

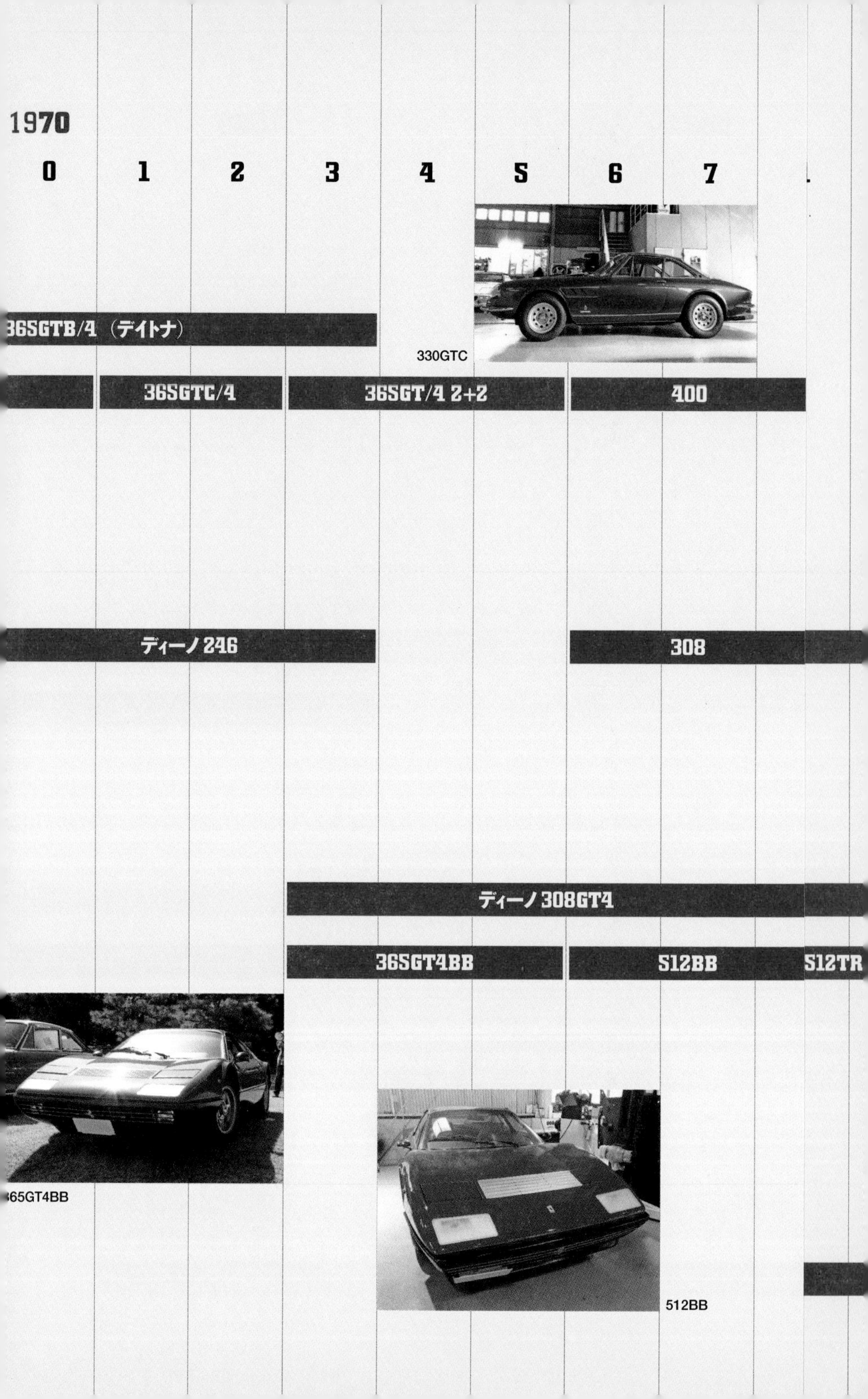

330GTC

365GT4BB

512BB